体验课堂系列

可怕的科学
HORRIBLE SCIENCE

体验丛林

MRS PARROT'S
RAINFOREST LESSONS

〔英〕迈克尔·考克斯／原著 〔英〕凯利·沃尔德克／绘 阎庚／译

U0257155

北京出版集团公司
北京少年儿童出版社

著作权合同登记号

图字:01-2009-4243

Text copyright © Michael Cox

Illustrations copyright © Kelly Waldek

Cover illustration © Rob Davis, 2009

Cover illustration reproduced by permission of Scholastic Ltd.

图书在版编目(CIP)数据

体验丛林/(英)考克斯(Cox, M.)原著;(英)沃尔德克(Waldek, K.)绘;阎庚译. —2版. —北京:北京少年儿童出版社,2010.1
(可怕的科学·体验课堂系列)
ISBN 978-7-5301-2334-8

Ⅰ.①体…　Ⅱ.①考…②沃…③阎…　Ⅲ.①热带林:雨林—少年读物　Ⅳ.①S718.54-49

中国版本图书馆 CIP 数据核字(2009)第 182095 号

可怕的科学·体验课堂系列

体验丛林
TIYAN CONGLIN

[英]迈克尔·考克斯　原著
[英]凯利·沃尔德克　绘
阎庚　译

*

北京出版集团公司
北京少年儿童出版社　出版
(北京北三环中路6号)
邮政编码:100120

网　址:www.bph.com.cn
北京出版集团公司总发行
新华书店经销
固安县铭成印刷有限公司印刷

*

787毫米×1092毫米　16开本　8印张　50千字
2010年1月第2版　2019年4月第32次印刷
ISBN 978-7-5301-2334-8/N·123
定价:22.00元
如有印装质量问题,由本社负责调换
质量监督电话:010-58572393

目 录

欢迎来到
皮克尔山小学

嗨！我叫连姆·欧布兰迪，我在皮克尔山小学上学。我上学的地方特棒，嘿嘿，世界上任何学校都比不了。是那些与众不同的老师造就了这所与众不同的学校，每一位老师都有着非常奇特（绝对充满了智慧）的教学方法，他们都真心希望带给学生们新奇有趣的知识。

就拿我们的帕洛特老师来说吧。一刻不停地盯住这位老师吧，因为你简直预料不到她接下来会带来什么新花样。前一分钟你还坐在教室里，等着听一段小故事，没准儿下一分钟你就被她带着飞向空中，绕着地球飞行起来啦！

你还没弄明白我在说什么吗？那干吗不加入我们5M班的行列？听帕洛特老师给我们上一堂终生难忘的热带雨林课吧！

连姆

1

皮克尔山小学

教师姓名：帕洛特夫人（鹦鹉夫人）（她的朋友管她叫"波莉"）年龄：47岁（可她非说自己只有37岁）

外貌特征：扎得老高的染过的头发和一只大大的鼻子

科目：地理

帕洛特老师

最喜欢的话题：热带雨林

怪癖或者说奇特的举止：一兴奋起来就胡乱挥舞自己的胳膊，还爱满教室地乱转圈子。

信息提供：连姆·欧布兰迪（5M班）

嘻嘻，这就是我！
（连姆·欧布兰迪）

还有我们5M
班的其他同学
（按箭头所指
从左到右）

大个头布瑞
恩·巴特勒

凯莉·尼布莱
特——我们的艺
术家

莱克斯
米·莎玛

西蒙·西
德沃夫

夏洛特·
爱德华

特别爱卖弄的丹
尼尔·梅普森

祖·汤普森

蝙蝠雨和青蛙雨

上星期四的早晨，当帕洛特老师像疯了一样冲进教室时，我们还以为是天要塌了呢！

"哇噻！"她看着自己正滴答水的雨衣说，"看看有多湿！现在外面下起蝙蝠和青蛙了！"

"嗨，帕洛特老师。"夏洛特·爱德华开口说，"你是不是说错话了？你是想说外面雨下得很厉害吧？"

帕洛特老师开始兴奋地挥舞她的胳膊："不不不不，嗯，不是的。"说着，她张开自己的左手手掌，神秘地说："看！"

趴在她手掌上的，是一只大个的、闪着亮光的、红色的西红柿。至

少，我们认为它是一只西红柿。不过很快，它动了一下！不一会儿工夫，它居然张开大嘴，呱呱呱地叫了起来！

"哟！"布瑞恩·巴特勒喘着粗气说，"一只青蛙！"

"是的，"帕洛特老师点点头，"这是一只西红柿青蛙。"

"但是……但是……它是怎么到咱们学校来的？"丹尼尔问，"我认为，你要想找到这种青蛙只能在——"

"热带雨林！"帕洛特老师尖声喊了出来，这一声喊，吓得我们几乎全都从椅子上掉了下来，"是的，那就是今天我们要学习的内容！世界上各种不同的热带雨林！在那些地方你还能发现这个。"

说着，老师张开她的右手，一只蝙蝠竟然趴在她的手心里！

帕洛特老师说："这是一只尖鼻、长舌的蝙蝠，它生活在亚马孙河流域的热带雨林里。它除了吸食香蕉树的花蜜之外，还能捕食老鼠、小鸟和其他比自己个头更小的蝙蝠。"

"我们接下来还将看到一系列更为精彩的东西。"帕洛特老师边说边合上双掌。只见她深深地吸了一口气，再把手掌摊开时，两个小家伙全都不见了，她接着说："在开始上课之前，最好先确认一下，你们每个人是不是都确切地知道热带雨林到底是什么？"

"我知道！"莱克斯米·莎玛叫起来，"就是经常下暴雨的一种很特别的森林。"

"而且它还很热，老是有水蒸气。"祖·汤普森补充道，"里面有特别多特别多不同种类的大树。"

"下暴雨！又热又湿！树的种类很多！"帕洛特老师重复着同学们的话，在教室里来回转圈子，"是的，是的，简单地说，你们俩说得都对。而且，热带雨林虽然只占咱们这个地球5%的面积，里面却生活着超过地球物种一半以上的动物和植物。"

"哎呀！热带雨林一定被那些野生的动植物挤爆了吧！"布瑞恩说。

"它们的确被挤爆了！"帕洛特老师说，"另外，莱克斯米，你对雨的描述很正确！热带雨林有着很多很多很多的降雨，那儿的降水量每年平均从2米到12米不等。而在我们生活的地方，每年只有大约半米的降水。今天这种天气就很难让人相信是咱们本地的天气。"

帕洛特老师说着看向玻璃窗，狂暴的大雨正凶猛地砸着教室的窗户。接着，她拉开房门，让同学们看看他们自己培植的小苗圃。现在看上去，我们学校的操场和花园完全被埋在了雨幕里。

"好，现在雨小多了。"帕洛特老师面带微笑地说。

正说着，雨突然停了，我们简直不敢相信自己的眼睛。窗外突然长出了纠缠在一起的枝条、藤蔓植物和巨大无比的树干……所有这些植物都显得湿淋淋的。

"好，同学们！"帕洛特老师说，"赶快穿上自己的雨衣，到教室外面去！"

"哈哈！"丹尼尔大叫起来，接着我们都跳了出去，"我们这么容易就到了热带雨林啦！"

"就是这么简单！"帕洛特老师说，"现在，我们得带上温度计和时钟。"

布瑞恩边说边往回跑："我回去取吧。"

只用了几秒钟时间他就取回来了。

"好了，咱们开始吧！"帕洛特老师话音刚落，钟表上的时针就嗖的一下指向了早晨6点钟。

　　"这就是热带雨林今天的天气报告。"帕洛特老师说，"在许多热带雨林里，差不多每天都有这样一个天气变化过程，只不过会稍有差异罢了。其实，在这里几乎用不着天气预报，因为这些你原来要用一年时间才能体验的天气在这里一天就全体验了。"

　　我们大家成群结队地走回教室，这时，夏洛特说："现在，我可知道那里为什么要叫'热带雨林'了。"

　　"对！"帕洛特老师说，"所有的树和杂七杂八的植物要想生存，靠的全是每天必下的倾盆大雨。可以说，是雨创造了热带雨林！"

　　"也可以说，是热带雨林创造了雨！"突然，从教室的艺术角传来了另一个声音。

绿芽先生

我们不约而同地扭过头去，想看看到底是谁在说话，可我们在艺术角能看到的唯一活物就是一株瑞士圆叶锦葵。当我们注视着它时，忽然发现它的叶子不停地震动着，叶子上的一些缝隙变成了张开的嘴巴的形状！接着，一秒钟之后，这只嘴巴竟然开始说话了！

嗨！我的名字叫"绿芽"，让我来说说我们这些热带雨林中的植物有什么重要作用吧！

这时，祖首先回过神来。祖就是这样，无论在什么情况下都是那么冷静从容。

"嗯……绿芽。"祖说，"我还以为你是从瑞士来的呢！"

"听上去好像是的！"绿芽捧腹大笑，"我的名字里有'瑞士'两个字，那是因为我叶子上的这些缝隙看起来好像瑞士奶酪上的小洞洞。其实我来自中美洲，是纯正的热带雨林植物。"

"是的，我也是。"教室里传来另一个声音，这次是从帕洛特老师的讲台上传出的，那里有一盆非洲紫罗兰。

"还有我呢。"书架上的莉齐草也开了口。

一下子，教室里的植物全都叫唤起来了。

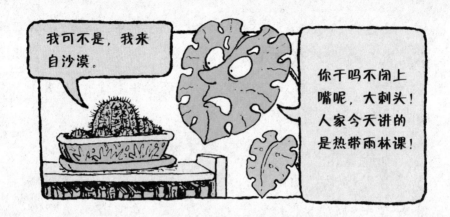

布瑞恩说："帕洛特老师，我们教室里的大多数植物都说自己是从热带雨林里来的。我还以为它们都来自花卉中心呢。"

"它们确实来自花卉中心。"帕洛特老师说，"但是那不说明什么。你知道吗？在19世纪，这些植物的曾祖父母们成千上万地被人们从热带雨林带回来，因为当时欧洲的有钱人十分流行送这种奇特的植物给朋友，以显示自己的高雅和不俗。现在的人们已经习惯房间里被这些植物包围了，多数人却不知道这些植物最初其实来自热带雨林。你家中可能就种了一些热带雨林植物。"

这时，总是很有礼貌的莱克斯米举起了手："嗯，对不起，请允许我插句话，这位先生——我是说，绿芽先生——热带雨林的植物真的能创造出雨吗？"

"它们当然能做到！"绿芽说，"不信你自己去调查一番！"

15

"这还不是我们所做的一切。"绿芽先生接着说，"如果你想知道我们所有的工作都是什么，那么我们需要先谈谈'能量'，我们可以讲一讲'能量'吗，帕洛特老师？"

"当然可以了。"帕洛特老师说，"能量是我们每个人生存都离不开的东西。人类也好，植物也好，这个星球上生活的其他任何一种生物也好，都需要它！没有它，我们就什么都没有喽！"

突然，绿芽在凯莉·尼布莱特眼前挥动起自己的一片叶子，边挥边说："那么，小朋友，我们要从哪里获得能量呢？"

"嗯……是从功能饮料里得到的吗？"凯莉·尼布莱特怯生生地回答。

"是太阳！"绿芽简直是吼叫着说。

"正确。"帕洛特老师说，"这种能量让我们每个人都可以生存，它以光和热的形式往来于太阳和地球之间。"

"但是，一旦这种能量到达我们这个星球，我们就必须要捕获它，并把它储存起来。"绿芽先生说，"动物，也包括人类在内，都不擅长做这个事，这一点你们可比不上我们这些超级聪明的植物了！我们就能够储藏这种能量。而且，如果我们不储藏它，你们这些家伙就会变成一堆堆的死人骨头。事实上，所有的生物都得靠我们植物维持生命。"绿芽先生得意地晃动着自己的大叶子，接着说："我这些叶子里含有一种重要的成分，叫做叶绿素。"

"这就是你为什么那么绿的原因吗？"莱克斯米问道。

"是的，"绿芽说，"非常美丽，不是吗？正是我的叶绿素捕获了从太阳传来的能量。我通过光合作用，把来自太阳的光热转化成可以储存的、我们生长所需的能量。"

"什么？什么'光……喝作用'？"丹尼尔问。

"是'光合作用'！好好擦擦你的耳朵！"绿叶大叫起来，"你两只耳朵之间的玩意儿是脑子吗？你干吗不让它好好工作呢？"

"什么？我的脑子怎么了？"丹尼尔看上去有点被说迷糊了。

"傻瓜！"绿芽说，"记住了，是光合作用！"

"而且，我们还不仅仅进行光合作用呢！"绿芽一边说一边用叶子拍着凯莉的肩膀，"你们动物和我们植物有着非常特殊的关系。"

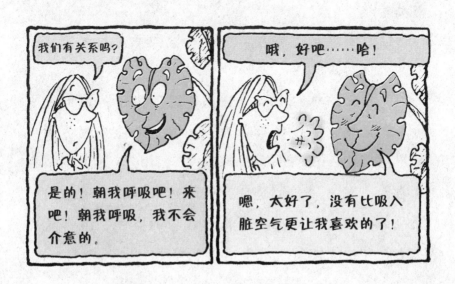

19

绿芽解释说："具体来说吧，就是我们不仅能给你们提供生长的能量，还能吸收你们呼出的废气。你们呼出的二氧化碳正是我们光合作用所需要的，而我们光合作用产生的气体就是……"

"氧气！"西蒙·西德沃夫大叫起来。我们一向都认为他有三个大脑，因为他实在太聪明了。

莱克斯米说："氧气是我们生存所必需的东西。"——他和西蒙一样聪明，而且长得绝对比西蒙漂亮。

"你这家伙，反应还挺快的。"绿芽说，"是的！我们把你们制造的废物很好地为自己所用，而你们也同样把我们制造的废物很好地为自己所用了。这多完美呀。"

"是呀，多完美的工作。"帕洛特老师大声说，边说边挥动着自己的胳膊。

"而且，我们吸收和转化的还不仅仅是你们呼出的二氧化碳，"绿芽接着说，"我们还能吸收你们城市产生的废气以及汽车排放的尾气。热带雨林经常扮演的角色就是超大型仓库，专门用来储存和清洁21世纪人类工厂排放的那些带化学成分的空气、汽车尾气以及所有被污染的对人类有害的空气。"

被污染的空气

城市　　清洁的氧气　　热带雨林

它说得对极了！亚马孙河流域的热带雨林不断地把二氧化碳转换成氧气，来为我们地球提供必需的氧气资源。

"我们是地球上对环境最有益的生物。"绿芽说，"你想让我们多环保，我们就有多环保。"

"那么，这就意味着即使是我们学校的一个小花园，都能对清洁大气有贡献？"莱克斯米兴奋地问。

"当然了。"绿芽说，"别说是你们操场上那些树和灌木，就算是极小的花花草草也能有净化空气的功能呢。不过，有点遗憾的是，有个疯子老是用一把大剪刀和一只大锯子对那些树乱剃乱剪的，没完没了。"

"噢，你说的是斯拉舍·辛普森吧，他是我们学校的园丁！"丹尼尔说。

"丹尼尔！"帕洛特老师大叫起来，"辛普森先生可是为我们服务的！不过，是的，我也觉得他有点怪怪的，他手里拿着大锯子的样子活像个伐木工。"

"哎，可惜这世界上的'斯拉舍'实在太多了。"绿芽说，"我实在不理解，他们干吗不多留下一些植物好让我们多为人类作贡献呢？"

"我知道你想表达什么，亲爱的绿芽先生。"帕洛特老师打断了绿芽的控诉。她挥挥手说："现在，孩子们，我要留家庭作业了，你们回去后查一查热带雨林植物的其他一些特征，你们可选择的热带雨林植物多达几千种呢！"

孟加拉菩提树

首先，孟加拉菩提树是生长在其他植物身上的。它们从空气和降雨中获取自己生长所需的营养和水分，然后长出气根，这些根将来就可以支持树干的生长。

生长在印度加尔各答的一棵孟加拉菩提树是世界上树冠最大的树，它整整覆盖了12 000平方米大的地域，它的树干大约有2000根。

同一棵树！

作者 莱克斯米

马来西亚大花草

作者 凯莉

这是世界上最大的开花植物，它们生长在东南亚的热带雨林里。它们开的花直径有1米，重达11千克！它还是世界上最臭的植物，它散发的臭味可以引来许多苍蝇为它传播花粉。

嗯，是我最爱的香味！

23

木棉树

作者 布瑞恩

木棉树非常高大。它长有蒴果，蒴果里充满丝质纤维，这些纤维因为不透空气，所以能够用来制作床垫、家具的填充物、衣服的绝缘保暖层以及水中救生筏等。这些丝质纤维的浮力是软木的7倍。

45米

1.5米

3米

一只蒴果

反胃大飞行

"谁能列举出一些有热带雨林的地名？"帕洛特老师问道。

"亚马孙！"凯莉最先喊了出来。

"好，那是其中的一个。"帕洛特老师说，"亚马孙河流域的热带雨林是世界上最大也是最著名的热带雨林。全世界大约有1/5的鸟类和开花植物生长在那里，有1/10的哺乳动物也生活在那里。它是那么巨大，如果按英国的国土面积计算的话，那里能装下20个英国呢。"

"和亚马孙河一样，世界上还有其他一些地方也生长着热带雨林。而在某些方面，其他的热带雨林和亚马孙热带雨林有许多不同之处。"

帕洛特老师跳了起来，接着说："让我告诉你们在哪儿能找到这些地方吧。大家全都坐到地毯上去。"

一分钟之后，我们全都坐在了巨大而又破旧的地毯

上，等着听老师讲故事。突然，我们听到了难以置信的
"呜——呜——呜"声，刹那间阵阵风声从我们的耳
边呼啸而过，我们的胃里开始翻搅起来，如同坐翻滚过
山车的感觉。一下子，我们就来到了另一个地方。

"嗯，帕洛特老师，"布瑞恩叫道，"我们这是在
哪里呀？"

"我们在飞翔呀，亲爱的。"帕洛特老师说，
"我们大约在10 000米的高空上。这块地毯在如此大
的年纪还能有如此作为，真是值得纪念，而且很快，
它就会更有历史价值了。往下看，那个大圆家伙就是
地球。"

"如果你仔细观察，就会发现世界上所有的热带雨林都贴着标签等着你去认识它们呢！"

在非洲、大洋洲和亚洲也有热带雨林。世界上仅次于亚马孙雨林的另外两个大热带雨林就在印度尼西亚和刚果。

27

帕洛特老师问："现在，谁能说说我们这个星球上的热带雨林在分布上有什么特点吗？"

　　"我知道！"祖说，"它们都分布在地球的中部地区。"

　　"说得好，祖。"帕洛特老师说，"它们全都在赤道附近，我们管这一地区叫热带。这一位置决定了热带雨林总是很热，而且有非常非常多的降雨，那里总是温暖潮湿的。"

　　"现在，我认为咱们应该赶快飞到热带雨林去参观一番！"帕洛特老师接着说。

这些森林在最近的几百年里以极快的速度在缩小，因为人类不停地砍伐它们。我们所说的"密林"一词最早来源于印度的语言。

"现在，还有一件更重要的事需要你们知道。热带雨林生长在世界上不同的地方，所以也就有了不同类型的热带雨林。我认为把它们用文字描写出来是个不错的家庭作业。记住啦。好吧，我们下去喽！"

在接下来的时间里，我们的胃又一次经受了像坐翻滚过山车一样的考验，然后我们笔直地坠向东南亚的热带雨林。

我们离开了亚洲，又飞到大洋洲，去参观那里的热带雨林。

扇叶棕桐树

彩虹鹦鹉

接着，我们又呼啸着冲向非洲……

非洲的热带雨林不像其他地方的雨林那样有那么多的物种，因为在15 000年前的最后一个冰期，非洲的气候变得十分干旱，这里大多数的物种都灭绝了。但是，这里仍然是一个令人兴奋的地方。

犀鸟

大猩猩

奥卡皮鹿

非洲紫罗兰

兰花

很久很久以前，新几内亚、澳大利亚和新西兰是一整块巨大的大陆，上面全部覆盖着热带雨林。当时那一大片雨林现在有很大一部分在新几内亚，很小一部分就在澳大利亚了。

最后，我们的飞毯飞到了南美洲和中美洲的热带
雨林……

两秒钟之后，我们感到一阵剧烈的颠簸，然后发
现我们的地毯已在教室里着陆了。

"多么奇妙的旅行呀，难道不是吗？"帕洛特老
师问。

"实在太有趣了。"我说，"但是我希望咱们能更
近一些观察亚马孙的热带雨林，我真喜欢那里呀。"

凯莉叫了起来："我也是！"

"别着急，孩子们。"帕洛特老师说，"我们会再去仔细观察亚马孙的，不过不是坐这块破地毯去。"

丹尼尔赶紧问："那怎么去呢？"

"等到下一节课吧——到时候我再告诉你。"帕洛特老师神秘地说。

低地热带雨林

作者 夏洛特

当我们谈到热带雨林时，脑子里想到的一般都会是这种雨林，那里每天都在下雨，而且全年都会一直不停地下雨。

这类雨林又热又湿，地势很低，而且离赤道很近。

雨林里的树全年都长着叶子。低地热带雨林有着雨林中最高的树，这些树只用一年时间就能长高2到3米。

红树林

作者
莱克斯米

在亚洲的一些国家，比如孟加拉国，那里的海边长满了红树林。红树林的每棵树都长着像高跷一样的根，这些根紧紧抓住沙滩上的泥土沙砾，阻止树林被海浪冲走。

你可以在孟加拉国的红树林里发现以下这些有趣的东西：

▶ 名叫"跳跳鱼"的怪鱼，能在陆地上爬行，还能爬到树上去！

▶ 8米长的鳄鱼，能吃掉小老虎。

▶ 会游泳的老虎。

云雾林

作者 布瑞恩

云雾林生长在热带的海拔900米以上的山上，大多数时间里，那里都被浓雾笼罩。在非洲的刚果就有云雾林，那里还生活着很多大猩猩。那里的树很矮，全被苔藓、蕨类和地衣缠绕着，它们长在树的身上，就好像树长了胡须一样。我可不喜欢去那里，因为我不想再受颠簸之苦了。

但是到了晚上，云雾林就会变得很冷，即使它地处热带，也会冷到结冰。

热带季风区的季雨林 作者 凯莉

　　这种热带林每年有3个月的时间得不到雨水。在干旱的季节，那里的树就会落叶，但很快，它们又会长出新叶子。当季风雨来临时，大量的雨水降下来，而此时的森林往往会发洪水。

　　长了长刺的食蚁兽生活在澳大利亚的雨林里，爱吃蚂蚁和其他昆虫。它们把自己的孩子装在身前的袋子里，当然了，等小食蚁兽长出刺来后，就得离开袋子独立生活了。

　　有种森林里生长着柚木——这种树十分珍贵，常被用于制作家具。

观光电梯

在接下来的一节课里，帕洛特老师猛地撞开了我们教室后面储藏室的门。她得意地说："现在，你们认为这里会是什么样子呢？"

我们全都瞪大了眼睛：在原来放碗橱的地方，赫然出现了一个我们以前从未见过的、巨大的、明亮的玻璃观光电梯！

"我能把大家全都带进电梯里！"帕洛特老师笑着说。她按下电梯按钮，电梯的门缓缓地打开了，我们鱼贯而入。在电梯楼层控制面板上，有指向不同楼层的指示说明，有点像大厦电梯里的按钮面板，只是这些按钮指向的是热带雨林的不同层面。

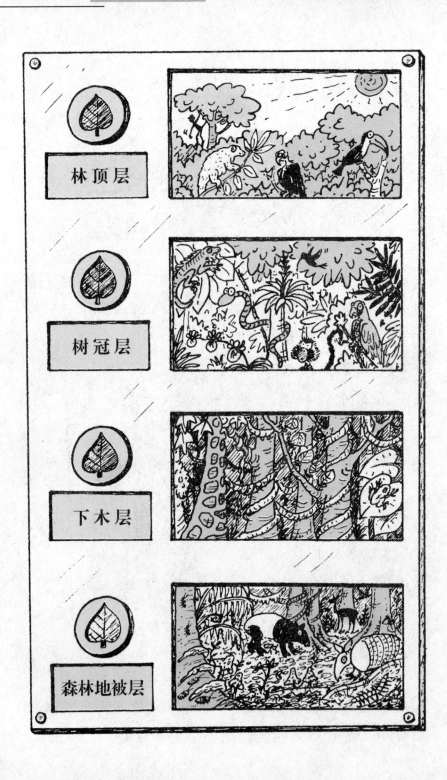

林顶层

树冠层

下木层

森林地被层

"现在，咱们暂时不去考察森林底层。"帕洛特老师说，"咱们先去看看世界上最后一片未知的神秘地带吧。"

西蒙问："那是哪里呢？"

帕洛特老师说："当然是树冠层啦。那里和深海海底一样，是我们人类至今仍未探知的神秘世界。这两个世界作为许多物种的生存家园，至今未被任何一个人亲眼看到过。所以，在我们向上升的旅程里，会有许多有趣的发现哟。好，出发！"

我们升起来了。

我们都把鼻子贴在玻璃上，好让自己的眼睛不错过任何一件事物——连帕洛特老师也是如此。

我们首先看到的是电梯周围生长着大量的树。这些树上吊挂着无数藤条蔓草，纠缠成一大团，像巨大的绿色网子。接下来，我们还没升到多高呢，就被阵阵热浪包围住了。

"这里是下木层。"帕洛特老师介绍说，"这里如此黑暗是因为树冠层遮住了绝大多数的阳光。在这里，正在生长发育的小树不需要大量的阳光也能活下去。"

除了觉得越来越酷热难耐以外，我们开始注意到其他一些事，有了大量的新发现！刚开始时，我们还只是听到十分微弱的噪声，可我们越往高处升，那种噪声就越大。很快，空气中就被嗡嗡嗡的杂音、鸟鸣声和不知何物的咆哮声充满了。

接着，当电梯升得更高时，我们在四周的树上隐约看到了五彩缤纷的颜色和一闪一闪的光亮。没过多久，我们终于看清了，那是极大一团蜜蜂正嗡嗡嗡地围着一簇簇巨大的、鲜艳的花朵，还有成群的长着红黄相间羽毛的鹦鹉欢快地拍打着翅膀，在树枝间飞来跳去。

"我认为咱们该暂停一小会儿，来尽情欣赏一下这里的景色。"帕洛特老师边说边按下停止的按钮，于是，电梯停住了。

"哦，快看！"布瑞恩激动地叫道，"真让人不敢相信呀！"

他的手指向两只鸟，那两只鸟长着巨大的喙。它们待在相距几米远的树枝上，正在用喙往自己的周围胡乱地抛出各种水果。

"它们名叫巨嘴鸟。"帕洛特老师介绍说，"将水果抛出去的行为表示它们觉得这个动作很好玩。"

丹尼尔叫着："哦，原来巨嘴鸟是在玩游戏啊，哈哈哈！"

热带雨林的鸟类

作者　莱克斯米和祖

在热带雨林里生长着几千种奇特的鸟类。

雨燕

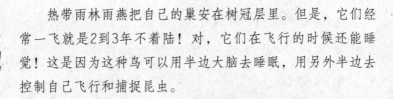

热带雨林雨燕把自己的巢安在树冠层里。但是，它们经常一飞就是2到3年不着陆！对，它们在飞行的时候还能睡觉！这是因为这种鸟可以用半边大脑去睡眠，用另外半边去控制自己飞行和捕捉昆虫。

犀鸟

犀鸟是一种大型的、特别爱吵闹的鸟，它们生活在非洲和亚洲的热带雨林里。雌性犀鸟把它们的蛋下在树洞里，然后自己也躲进洞去，在里面用泥巴封住洞口，只留出一个小小的口子，好让雄鸟从外面喂给它和小宝宝们水果、小蜥蜴以及昆虫。

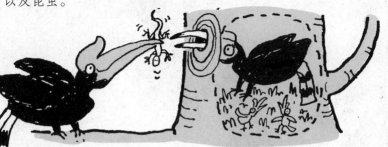

如果雄鸟发生了什么意外，雌鸟和小宝宝们就会在树洞里活活饿死。当然，有时候也可能有另外一只没有配偶的雄鸟会飞来，承担起喂养它们的重任。

山摇摆鸟

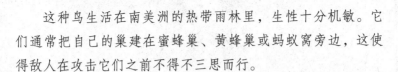

这种鸟生活在南美洲的热带雨林里，生性十分机敏。它们通常把自己的巢建在蜜蜂巢、黄蜂巢或蚂蚁窝旁边，这使得敌人在攻击它们之前不得不三思而行。

鸟巢

鹦鹉

世界上有315种鹦鹉。

明艳的颜色

大嗓门的叫声：
嘎嘎嘎！

强有力的鸟喙：
用来咬开坚硬
的贝壳和碾磨
食物，在攀爬
时也很有用。

爪子：两只脚趾朝
前长，两只脚趾朝
后长。

鹦鹉的5种食物：

种子　　水果　　草　　叶子　　植物的嫩芽

大鹦鹉和小鹦鹉：

极小的侏儒
鹦鹉——不到9
厘米长，不到
15克重。

大金刚鹦鹉——1米
长，1.4千克重。

"仔细找找，看看树蛙在哪里？"帕洛克老师问道。

莱克斯米叫道："老师，我看见了一只，它是红色的，周身长着黄色斑点。"

凯莉说："我只看见了一只猴子。"

"嘿，快看那朵花。"夏洛特兴奋地叫着，"叶片底部好像有个池塘，里面还有些小蝌蚪在游泳呢。"

"那是凤梨科植物。"帕洛特老师说，"它们附着在一些速生林木的树干和树枝上，向着太阳生长，从空气中吸取营养。而那些蝌蚪就是剧毒箭蛙的前身。"

45

神奇的剧毒箭蛙

作者　丹尼尔·梅普森

在南美洲的热带雨林里，生长着所有种类的剧毒箭蛙。它们什么颜色都有：蓝的、红的、黄的、绿的、橘红的、黑的，还有混合色的——有的还长有斑点。毒性最强的是黄色的箭蛙。

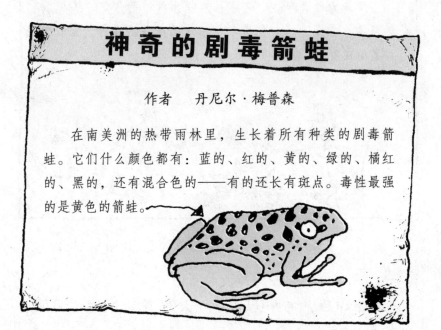

它们是怎么繁殖的：

母蛙把蛋下在地洞里或叶子表面的水泡里。

公蛙时刻守护着它们。

当孵化出蝌蚪后，母蛙用后背背着小蝌蚪来到树冠层。

母蛙把小蝌蚪放进凤梨科植物的水坑里（这时就安全了）。

箭蛙为什么叫这个名字：热带雨林中的印第安人把剧毒箭蛙放在火上烤，使毒素从箭蛙的皮肤上渗出。他们把毒素涂在箭上，射杀供食用的猴子。

这时，帕洛特老师说："好的！咱们继续上升前进吧。"

几分钟后，电梯来到了一处架在两棵树之间的特别宽大的平台前。电梯门打开了，我们全都走了出去。这个平台实在是太高了！幸好平台四周全安着栏杆。向四周打量一番后我们发现，这座平台还通过一些通道连接着其他树顶上的平台和梯子。所有的一切都是那么神奇！

对，我们来到了树冠层！

我觉得自己的腿像果冻一样软塌塌的。

我们并肩扶着栏杆，看着那一团团的树冠。在茂密的叶子里，有鸟和昆虫在鸣叫。这感觉就好像我们站在了摩天大厦的顶端！

西蒙怕得要命，哆哆嗦嗦地说："哦，我头昏眼花了！"他一下子趴下身，用手和膝盖支撑着身体，向着平台中心爬去。

"嗨！"突然，有个女的大声冲我们叫喊，她肩扛一只大绿叶子，不知是从哪儿冒出来的。

"实在是太太太太太高了！"西蒙叫着，"帮帮忙，让我下去吧，行吗？"

"放松点！"那个女的说，"你在这个平台上是很安全的。各位，欢迎你们来到热带雨林的树冠层。我是潘多普教授。我可以带你们四处转转，回答你们的问题。"

"请恕我直言，我只想问问，到底是谁在这里修了这么多的平台和路，这实在太不可思议了。"我很有礼貌地问。

"是巴西政府修建了这里。"教授说，"这里离地大约有50米高，是雨林的顶端。"

凯莉叹道："哇，这比我住的公寓楼高多了，我住的楼有15层呢。"

西蒙听后更害怕了，大叫起来："噢，不！"

"你可以不喜欢这么高的地方，"潘多普教授摸摸西蒙的头发说，"但是对我们做学问的人来说，这些平台和通道是令我们梦想成真的好地方。热带雨林的树冠层里几乎隐藏着雨林所有的野生动物。多年来，我们拼命想爬到这里来进行研究，但总是难以实现。所以直到最近，树冠层对我们来说，仍是一个谜团。"

莱克斯米问："你不能爬树上来吗？"

"不可能！"教授说，"这些树根本爬不上来。因为在下面的树干上根本没长树枝。过去，科学家们试过了各种办法来调查研究树冠层的生物。你们可能想知道他们用了哪些方法吧，有些招儿还真叫疯狂呢！"

49

科学家与热带雨林树冠层

早期的科学家们砍伐大树，使高处的树枝掉到地面上，用以研究树冠层。

于是，接下来他们：

- 用枪把树枝打下来……

- 用高倍望远镜观察……

- 往树上系粗绳子，顺着绳子往上爬……

- 雇用当地人往树上爬……

- 砍断整棵大树……

- 训练猴子学会采集植物标本……

- 乘坐热气球在树林里飘来荡去……

使用工程起重机、滑雪用的牵引电缆以及超轻型飞机……

后来，他们建造出了这个通道。

作者 布瑞恩

教授说："这个通道实在是个新颖的主意，而且是探测树冠层的最有效的方法。它们对于科学家和观光客来说，实在是太伟大了。现在，谁愿意来一次树顶漫步？"

"我……"班里的每位同学都喊了出来——除了西蒙……

闪电

"那么你们怎么看待热带雨林的树冠层呢？"当我们沿着走廊游览时，潘多普教授问。

"它……嗯，它的叶子特别茂密！"祖一边说，一边用眼睛看了看周围的人。

"这是当然！"潘多普教授说，"如果你从飞机上往下看这些树，它们就像是一个大绿块，可是你们知道吗？尽管这些树的枝条高低错落、层层叠叠，可是树与树之间的树枝却很少交叉在一起。"

"嘿，我也注意到一点！"布瑞恩说，"这些树叶也是互相不挨着！这些树叶起码有好几百万片，可是它们竟然互不接触！"

"确实是这样！"教授对布瑞恩的发现给予了肯定，"树叶之间也是互不接触，这样的话，就能保证每片树叶都能通过光合作用来获取能量。"

"噢，我们知道光合作用，"凯莉说，"那还是一棵瑞士奶酪植物告诉我们的呢！"

"是吗？"教授有些惊讶地看着凯莉，她又接着说，"有谁注意到这些叶子的形状有什么特别的？"

布瑞恩兴奋地说："我注意到了，好像这些树叶都比较尖。"

"你又说对了！"潘多普教授用赞许的口气说，"这些小尖儿的功能就是我们平常所说的'滴尖'，它们可以保证雨水落到叶子上后很快流下去，因为如果叶子长期处于湿润状态，叶子的表面就可能长出苔藓。"

"这里为什么闹哄哄的呢？"祖好奇地问，"比咱们学校的餐厅还乱。"

"这个问题问得好，"教授说，"跟其他动物一样，树冠层的动物也都保持着高度的警惕性，以保护自己的领地，但是，由于叶子太多，它们实际上很难看见什么东西在什么地方，谁的地盘在哪里。所以，总的来说，树冠层的动物在保护自己的'财产'时都喜欢大声叫喊，这样做的用意就是让别人知道，这些

东西是属于它的，其他人也都应该清楚地知道这一
点！"

接着，我们又开始沿着走廊往前走，没走多远，
祖又问道……

那些晃来晃去的黄颜色的大东西是
什么？它们看起来特别像大豆荚耶。

就在祖说这话的时候，其中一个"豆荚"在树顶
上飘动起来，接着，所有的"豆荚"都跟着飘动起
来。

"这些大东西就是狐蝠！"教授笑着说，"这些
狐蝠白天睡觉，晚上才出来找东西吃。哎呀，咱们在
这儿大声说话是不是吵着它们睡觉了？还是小点声
吧。狐蝠对森林来说是很有好处的，因为它们喜欢吃
果子，所以排泄物中含有植物的种子，而它们排泄时
没有固定的地点，实际上就起到了播撒种子的作用。
这些种子将在很多地方长成新的灌木或是大树。"

"哎呀，它们的个头真大呀！"布瑞恩惊叹道。

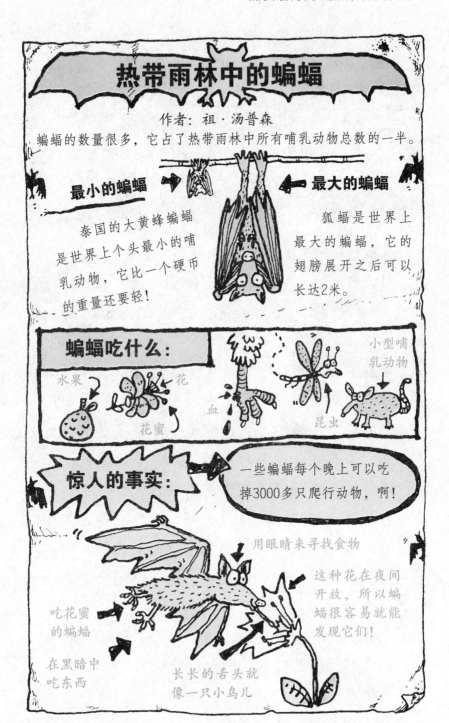

热带雨林中的蝙蝠

作者：祖·汤普森

蝙蝠的数量很多，它占了热带雨林中所有哺乳动物总数的一半。

最小的蝙蝠

泰国的大黄蜂蝙蝠是世界上个头最小的哺乳动物，它比一个硬币的重量还要轻！

最大的蝙蝠

狐蝠是世界上最大的蝙蝠，它的翅膀展开之后可以长达2米。

蝙蝠吃什么：

水果
花蜜
花
血
昆虫
小型哺乳动物

惊人的事实：

一些蝙蝠每个晚上可以吃掉3000多只爬行动物，啊！

用眼睛来寻找食物

这种花在夜间开放，所以蝙蝠很容易就能发现它们！

吃花蜜的蝙蝠

在黑暗中吃东西

长长的舌头就像一只小鸟儿

快看，那棵树上有一个又大又软的毛绒玩具！

潘多普教授说："那个东西是树懒！"

"对呀，我就是树懒！"树上的树懒应声答道，"请你别再把我们看成是什么又大又软的毛绒玩具。"

"潘多普老师！"祖非常奇怪地说，眼珠子好像要从眼眶中跳出来似的，"那只树懒竟然会说话！"

"用不着大惊小怪，亲爱的。"潘多普老师说，"它属于我们皮克尔山的一部分，当然会说话啦。"

树懒接着说："既然你们已经把我吵醒了，那么我们就先交个朋友吧。虽然我的行动速度不是很快，但我喜欢你们叫我闪电。你们可以问我任何一个想问的问题，只要不提什么懒骨头、游手好闲之类的字眼就行！"

莱克斯米首先向它发问："闪电，你是不是真像人们说的那样睡觉时间特别长？"

闪电回答道："嗯，确实是这样的。我一天可以睡15个小时，但我真的不知道睡这么长时间有什么不好，你可能知道，我需要保存我的体力。"

丹尼尔接着问："那么你最快的行动速度是多少？"

"噢，如果赶上一个好天，我的速度大概可以达到4个长度单位每小时。"闪电回答说。

"你说的是4千米每小时吗？"丹尼尔说，"这对于一只树懒来说还真不是一件简单的事情哪！"

"不，不，不！"闪电赶紧纠正说，"不是4千米每小时！是4米每小时！你是知道的，我喜欢过那种特别悠闲的生活，节奏太快了不行，受不了！"

"噢，很抱歉，闪电，我也问你一个问题。"夏洛特说，"你知道由于你长期不愿活动，你的皮毛上已经长满了绿东西吗？"

闪电毫不生气地回答说："啊，你是指我身上焗的那些好看的彩毛吗？那东西其实是一些藻类植物，当我倒挂在树上时，我的皮毛上就会长出这种东西。你可别小看这些玩意儿，你们可能会觉得很脏，可是对我们来说却是特别有用，有了它，我们就相当于穿上了一件迷彩服，这样就可以逃过敌人的眼睛。你们可以看到，我的腹部不会长出这种东西，因为雨后腹部能够把雨水滴干净。顺便再告诉你们一个秘密，我在那些绿东西里头还养了很多昆虫，有好几百只呢！也就是说，我既是这些昆虫的床，也是它们的早餐！"

潘多普教授这时说话了："树懒说的都是真的。我还记得有一天我专门和一些科学家朋友数了一下，竟然有多达950种不同种类的昆虫，都生活在闪电的皮毛里！"

它可是我最亲密的朋友！

闪电自豪地说："我说得没错吧。除了昆虫外，我们还有自己的树懒蛾子，这种蛾子除了在我们树懒这儿生活外，不可能在其他地方生存下来。如果你们感兴趣的话，我可以让你们看一下树懒蛾子是什么样。"

说完，树懒抬起它的胳膊，我们清楚地看到，在它腋窝的皮毛里，有一只蛾子很舒服地躺在那里。

"还有一件好玩的事要告诉你们。"小树懒接着说，"我大概是每周下一次树，爬到森林的地面上去排一次大便。你知道，我下一次树不容易，要花很长时间，但是我每次下来排便，那些小蛾子都会在我的排泄物上产卵，然后再回到我身上来。之后我再爬回到我的安乐窝里，我不可能长期待在地面上啊。我不太会走路，因为我的爪子太长了，太长的爪子虽然不适合走路，可是对于抓树来说却棒极了。它们可以牢牢地抓住树干树枝，即使我们死了，也不会松开手爪。如果你们不介意的话，我在这里就不向你们演示我这种绝活了，对不起，对不起。"

我们觉得这只可爱的小树懒说话很逗，都开始大笑起来。正在这时，有一只又大又黑、看起来特别凶狠的东西从我们头顶的树枝上"唰"的一声掠过，树林中所有的动物都开始尖叫起来，叫的声音比以前任何时候都要大。

"我的天啊！"丹尼尔吓得有些喘不过气来，小声问道，"那到底是个什么东西啊？"

潘多普教授说："我认为那是一只热带大老雕，它可是闪电的头号敌人。"

闪电也小声地回答说："说得很对。虽然我非常愿意跟你们讲话，可是我还是要请求你们暂时离开一下，这样我就不会引起它的注意了。万一那只可恶的老雕发现了我，那我就死定了。你们知道吗，那种雕是世界上最大的雕，它们最喜欢的食物就是我们树懒！"

"来吧，孩子们。"潘多普教授招呼道，"就让我们按照小树懒的要求去做吧。现在我们可以上到阶梯的最后一个台阶去看看最高处的平台上有什么风景。"

"这就是热带雨林中有名的'树顶'层，"当我们到达露台上时，教授开始介绍起来，"你们能够看到的那些高高地伸出树冠层的树梢，它们属于那些最古老最高大的树。"

热带大雕 *作者：西蒙·西德沃夫*

巨大的热带老雕是森林树梢层的霸主

最喜欢吃的食物：

通常情况下的捕食方法：

以每小时大概80千米的速度，怪叫着冲向猎物，在猎物还不明白是怎么回事之前，就将猎物制伏了。

唯一的敌人：人类

　　世界上每一个热带雨林里都有大老雕，这些雕都有很长的尾巴、像刀片一样锋利的爪子以及短而宽的翅膀（这样它们才能够在树林中高速飞行）。它们一般栖息在最高树的树梢（这对它们来说很不幸，因为最高的树是伐木人最喜欢的）。

　　这时祖叫了起来："哎，是谁把灯给关了，怎么这么黑啊？"

　　"没有人关灯。"帕洛特老师说，"热带地区的夜晚往往都来得很早。"

　　当四周的树渐渐变成巨大的黑影形状时，我们突然被巨大的枭叫声、狗吠声以及其他一些咆哮声所包围，这些声音是我以前从来没有听过的，我好像正处于一场噩梦之中，我的心脏在胸膛里使劲地跳动着，腿也有些不听使唤了。

　　"别害怕，"潘多普教授大声喊道，好让自己的声音盖过那些喧闹声，"这些只不过是吼猴发出的声音，看啊，它们就在那儿！"

　　我们顺着她手指的方向看过去，只见那里有一群深棕色的小猴聚集在距离我们约8米之外的树杈之中。

"它们这么大声吼叫，是想警告敌人离它们的领地远点。"帕洛特老师继续喊叫着，"它们可能把我们当成另一群敌对的猴子了，所以才发出这种声音。"

丹尼尔也嚷道："你也可以发表一下自己的看法。"

布瑞恩大声喊道："它们的声音太大了，我连自己的说话声都听不见了。它们的数量太多了！"

63

吼猴

作者：布瑞恩

吼猴大约只有1米高，它们是世界上吼声最大的动物，甚至比狮子发出的声音还要大。

噢——！

呜！喵！

它们的吼叫声在5千米以外都能听见。它们的喉咙非常特殊，所以才能发出那么大的声音，比别的动物的声音都要大。

帕洛特老师说："有时候，我真希望自己能够有一副吼猴的嗓子，这样我在操场上发号施令时就能显出大本领了，你们的声音再也压不过我了……"

这时，帕洛特老师突然看了看自己的手表。

"哦，天啊。"她说，"说到操场倒提醒了我，再过10分钟我就该到操场上值班去了，现在我们最好返回到皮克尔山小学。谢谢你了，潘多普教授，你今天所讲的东西都特别有意思。"

说着，帕洛特老师转过身去，向走廊的另一端走去，5M班的同学全都紧跟在她身后。10分钟后我们将会乘坐玻璃观光梯回到皮克尔山小学。

格伦维尔·哥罗布卓特

第二天又下起了雨，帕洛特老师决定让我们留在屋里吃午饭，吃饭时顺便看一下录像节目。我们去储藏室取回饭盒时，西蒙突然大叫起来："有人偷吃了我的巧克力块！"

听见这一声叫，每个人都赶紧查看自己的东西，看看自己带的零食是不是还在，结果它们好像都失踪了。

65

　　我们都飞快地跑出储藏室，告诉帕洛特老师我们所带的零食都不见了。可是她好像一点也不在意同学们向她反映的情况，只是甜甜地笑着，用手指着我们的电视。电视里正有一位高雅的、留着胡子的红脸男子对我们笑着，他穿着老式服装，围着一条轮状皱领。画面上有一艘古代航船，甲板上有一个木桶，这名男子就坐在木桶上。但是让人感

到奇怪的是，他竟然拿着丹尼尔的可乐饮料以及我们丢失的所有食物！

　　"嘿嘿嘿……"他笑着说，"是我拿了你们的东西，是不是？"接着他又开始剥西蒙的巧克力糖。

　　"老师！"西蒙大声嚷着，那一刻他的眼泪都快流出来了，"那个人要吃我的巧克力！"

　　"不，不，我不会吃的。"那个男子说道，"我只是想让你看清这块巧克力，如果没有热带雨林，你们就不会吃到这么美好的食物！今天你们能够有这么

多好吃的东西，这一切都得感谢热带雨林！"说着他把胳膊伸出电视屏幕，把巧克力还给了西蒙。

"哦，谢谢你。"西蒙说道，这时他已擦干了眼泪，"非常谢谢你，叔……嗯……"

那男人接过西蒙的话说："我叫哥罗布卓特，格伦维尔·哥罗布卓特爵士，船长、探险家兼商人。大约五百年前，我和另外一些热衷于航海的勇敢者一起，乘船出海去寻找财富。我们到过很多热带雨林，

虽然我们的目的是寻找黄金，但在那里我们发现了不同于黄金的另一种财富，换句话说，就是我们找到了生长在热带雨林里的好吃的东西，比如我刚才向你们展示的巧克力糖。你们知道巧克力糖是从哪里来的吗？

"是从超市里买来的！"凯莉急忙大声说。

哥罗布卓特也大声说道："不，我是指巧克力最初是怎么做出来的。"

"那我就不知道了。"凯莉说。

哥罗布卓特说："它是从这里头得来的。"说着，他拿出一把棕色的种子，"这种东西就是热带雨

林里可可树的种子，阿兹特克和玛雅印第安人把它们捣碎了以后，再兑上水和红番椒，于是就成了一种饮料，后来他们把这种饮料叫做巧扣特。"

"意思就是泡沫水！"帕洛特老师嚷道，"这个名称后来渐渐演变成了巧克力。"

"后来克里斯托弗·哥伦布把可可豆带回到欧洲，"哥罗布卓特说，"几年以后，有人想到可以把这种可可饮料加上糖来喝。"

这时，帕洛特老师补充了一句："糖也是来自热带雨林的产品。从那以后，喝巧克力饮料、吃巧克力糖就逐渐流行开来，成为了一种时尚！"

"但是，哥罗布卓特爵士，"这时祖问了一个问题，"你现在讲的是巧克力的问题，可你为什么要拿我的香蕉呢？"

"因为香蕉也是来自热带雨林啊。"哥罗布卓特回答说，"是阿拉伯人首先把香蕉从亚洲的热带雨林带回了自己的国家，香蕉这个词就是来自一个阿拉伯词汇，它表示手指的意思。"

"现在世界各地的热带地区都种植了香蕉树！"帕洛特老师说，"但是当它第一次被带到英国时，人们根本不知道该拿它怎么办，有的人甚至连皮把它们吃下。"

"可是你又为什么要拿我的可乐呢？"丹尼尔问道。

"可乐也是从热带雨林中得来的。"哥罗布卓特说，"在1880年，美国有一名医生用破碎的可乐树种子和可可树的叶子发明了一种饮料。他本来是想做成一种药的，却没想到做成了一种现在全世界流行的提神饮料。"

69

帕洛特老师说："现在全世界每天要喝掉大概8亿瓶可乐，不过现在的这些饮料都来自于人工合成，而不是从可乐树和可可木中提炼出来的了。"

布瑞恩接着问："那你为什么要拿我的口香糖？"

"那也是因为它来自热带雨林。"哥罗布卓特回答说。

口香糖　　作者：布瑞恩

生活在热带雨林里的印第安人常常会割开开心果树皮，从树里流出一些乳白色的、像橡胶一样的东西，叫做奇可树液。他们把奇可树液放在嘴里咀嚼，目的是为了清洁牙齿和整个口腔——或许他们也觉得这样做很酷吧！

在19世纪80年代，有一个美国人往奇可树液里加了一些糖和香料，做成了口香糖拿去卖。很快全美国人都疯狂地喜欢上了这种新东西。

"这个东西也是来自热带雨林。" 哥罗布卓特再次把身体探出屏幕外，从帕洛特老师鼻子底下端起那只装着咖啡的杯子，喝了一大口。

真让人神清气爽，谢谢！

我也忍不住问了一句："但是，直到现在你还没有告诉我们你自己从热带雨林里带回了什么东西。"

"我从东南亚带回了肉豆蔻。" 哥罗布卓特回答说，"你可以在东印度花一便士买上一大包肉豆蔻，然后把它们带回伦敦，可以卖好几百英镑！"

"我想，你还要告诉我们，夏洛特的饮料所用的菠萝和莱克斯米的炸玉米片用的甜玉米也是从热带雨林里带来的吧。"我说。

哥罗布卓特说："我就是这个意思，你还真聪明！"

菠萝

作者：夏洛特

为了帮助消化，治好胃病，热带雨林里的印第安人常常会喝一些菠萝汁。菠萝这一植物的英文名字是由探险者们起的，因为它的形状会让探险者们想起松果，它的味道又很像苹果。

松果 ＋ 苹果 ＝ 菠萝

一个菠萝是从另一个菠萝的顶端长出来的。

　　"但这并不是我的全部意思，你们可以过来看一下更多的东西。"哥罗布卓特补充道。

　　接下来屏幕上的画面发生了变化，我们都目不转睛地盯着屏幕。哥罗布卓特爵士现在站在一家超级市场的外面，推着一辆特别巨大的购物手推车。他向我们招招手，然后推着手推车进入市场里面，开始从货架上取下各种各样的商品。很快，其他一些购物者注意到了他，不久他身后就跟上了一小群人。

当他的购物车满得快要溢出来时,哥罗布卓特爵士停止了往里面放东西,说道:"热带雨林里物产丰富,另外还有2500多种水果仍然生长在热带雨林中,这些水果即使是西方国家的人们也从来没有品尝过!"

　　"我们让哥罗布卓特爵士整理一下他买的物品吧！"帕洛特老师对我们说，"现在我们可以再仔细看看森林地被层，但是首先你们要帮我搬走教室里的油毡！"

　　"为什么？"夏洛特好奇地问。

　　"过一会儿你就知道了！"帕洛特老师微笑着回答。

返回地面

当我们开始卷起油毡时，帕洛特老师跟我们说：
"在森林地被层，有很多种非常有意思的动植物，如
各种奇怪的菌类、令人惊异的食蚁兽和巨大的蟒蛇
等！"

"另外还有很多小虫子，"帕洛特老师接着说，
"热带雨林还特别盛产爬行类动物，甚至还有很多
物种没有被人们发现。4000平方米的热带雨林里可能
会有多达12 000种的甲虫。在秘鲁热带雨林的一棵树

上，就可以找到43种不同的蚂蚁！"

　　由于边说话边干活，我们很快就把油毡清除干净了。但令人惊讶的是，除去油毡后露出来的不是教室里原来那种坚硬的地板，而是一层多孔的、气味很浓的潮湿的土壤，上面还覆盖着一层树叶和树枝。

　　"耶！"西蒙高兴地大叫起来，"我们现在就像踩在热带雨林的土地上！"

　　"天啊，还不仅仅是你说的那样。"祖也尖叫起来，"我们正在变小，而且变得跟葡萄干差不多大小

了。这是怎么回事啊！"

　　她的感觉是对的！因为我们周围的事物现在都显得特别巨大，大约比原来大了几百倍！原来的那些小树枝现在变得像电线杆一样，以前的那些小土块现在看起来就像是特别巨大的土堆，而我们这些人正好在森林的一条小路边！这里显得特别繁忙，一些奇异的昆虫爬来爬去，很多长相奇怪的哺乳动物跳跃着沿着小路前进。而且，几乎所有的动物都在朝着同一个方向行进着！

"嗨！"祖说道，"这是我的好朋友，我们现在能够看见好多小虫子了。我小的时候常常像现在这样趴在地上跟小动物玩。"接着，她又指着身边经过的那些爬行动物说，"不知道这些小动物都是怎么了，看起来它们好像都在逃避什么东西。"

"的确像你说的那样，它们是在躲避什么东西！"帕洛特老师也大叫起来。

突然，路上的一小堆叶子和树枝开始往上顶起来，并且逃跑了。

"天啊，这个东西一定非常可怕、非常吓人！"丹尼尔说，"你有没有发现，即使是树叶也都在没命地逃窜。这到底是怎么回事啊？连树叶和树枝都这么害怕！"

"不是树叶和树枝，它们都是昆虫，只不过看起来像树叶和树枝。"帕洛特老师解释道。

正在那时，我们听到了一种特别可怕的嗞嗞声，闻到了一股令人毛骨悚然的可怕气味。这种声音和气味让我们意识到，肯定有一个特别巨大、特别可怕的东西正沿着小路向我们这边过来了……

　　"来得真是及时啊！"帕洛特老师说着，脸上露出了满意的微笑。

　　"孩子们，别害怕，保持冷静，让我们好好欣赏一下这个场面吧！"

　　就在这时候，我们的眼前出现了一个我们从未见过的非常恐怖的东西。刚开始的时候，我还以为那是一种史前的怪物，但是很快我就明白它到底是什么了。

　　那是一只巨大无比的蚂蚁。这只大蚂蚁后边还跟着无数个同样大小的蚂蚁。好几百只庞然大物从我们身边经过，它们的脚步声听起来就像是打雷一样。它们不但发出咝咝声，而且还散发出那种可怕的气味。

　　"它……它们到底是什么东西啊？"布瑞恩结结巴巴地问。

"是行军蚁，"帕洛特老师说，"这是南美洲热带雨林里最可怕的几种昆虫之一。但是我们现在没有什么危险，因为我们现在的个头很难被发现。"

虽然老师这么安慰我们，但我们看到那些庞大的东西从身边走过时，还是免不了感到浑身发抖。这种行军蚁每只大概只有12毫米长，可是与我们现在的大小相比，它们看起来就像是野牛那么大，而且它们有成千上万只，不能不让人感到害怕。

其中三只蚂蚁突然抓住了一只巨大的蜘蛛，它们把这只蜘蛛撕成了碎片。与此同时，其他几只蚂蚁向一只被吓坏了的、长得像老鼠的动物发起了进攻，在几秒钟之内也把它变成了一副骨头架子。

帕洛特老师说："行军蚁看起来虽然可怕，但是它们只吃自然界里的东西。"

"那么它们吃不吃人呢？帕洛特老师。"祖轻声问道。

"通常情况下它们不会吃人。" 帕洛特老师说，"大多数人类和大型动物都会很快逃跑，但是它们会吃掉那些被人们系在农场里还没来得及解开的动物。据说行军蚁能够在几小时之内将一整匹马吃得干干净净！"

"如果在它们行军的路上有一个村庄，那会怎么样呢？"西蒙有些担心地问。

"噢，热带雨林里的印第安人把它们当做杀虫能手。他们会提前几天搬出自己的住房，带上一些粮食，这样行军蚁就会把房子里所有的蟑螂、老鼠、跳蚤以及其他一些害虫消灭干净了。"

行进中的行军蚁

小细腰

作者：夏洛特

六条腿

强壮的嘴，可以吃掉很强大的动物

触角

好几千只行军蚁沿着森林小路向前行进，将所到之处遇到的东西都吃得精光：包括小虫子、其他蚂蚁以及一些小动物！

它们甚至还会爬上树，将鸟窝中幼小的鸟儿和鸟蛋变成自己的美餐。有时，在500米长的纵队里，竟然有多达50万只蚂蚁！

"这些蚂蚁会一直不停地消灭它们所经之路的一切东西吗？"凯莉问道，"它们有停止的时候吗？"

　　"哦，它们也不总是'反社会'的！"帕洛特老师笑着说，"它们也有停止的时候，不会吃个不停的。"

　　就在她说这话的时候，所有的蚂蚁好像都踩了刹车一样，停止了下来。接着它们挤成一团，有点像橄榄球运动员聚在一起讨论战术。只不过这个团变得越来越大，最后形成了一个球的形状！

　　"快看啊！"祖不由自主地叫起来，"它们到底在做什么呢？"

　　"这个秘密你自己能够解开，祖。"帕洛特老师说，"这个问题就当做是我留给你的家庭作业吧。"

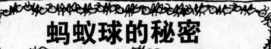

蚂蚁球的秘密

揭秘者：祖

1. 行军蚁中，个头中等的工蚁承担着运送幼虫的任务（即可以变成小蚂蚁的小卵），这些幼虫可以发出信息素（从身上喷出的一种化学液体），这种信息素使得所有的行军蚁不停地向其他东西进攻。

气味

糟糕，赶紧咬人吧！

2. 当这些幼虫快变成蛹（这是它们变成蚂蚁前的最后一个阶段）的时候，它们会停止喷射那些信息素。

没有气味

哦，真不知道是什么东西喷到我身上了！

3. 行军蚁停止攻击后，会变成一个球。球里有很多走廊和房间，那些蛹就被安置在里面。整个球会暴露在外界，这个球在外人看起来很奇特，以为是什么奇怪的东西做成的，其实，这个球的组成成分就是成千上万只互相粘在一起的蚂蚁。

这很像人类建造的住宅楼

我敢肯定这墙上有耳朵……

4. 最后，蚂蚁女王产下很多卵，这些卵又会被孵化成幼虫。

5. 与此同时，很多新的工蚁和战斗蚁会冲破蛹走出来，成为新的行军蚁大军中的一员。

6. 这些新孵出的幼虫会像以前的那些一样继续喷射信息素，信息素又让那些行军蚁躁动不安，开始攻击它们所看到的一切事物！

84

　　"趁这些蚂蚁忙着挤成一团的时候，我们可以仔细看看森林地被层。" 帕洛特老师说。按照老师说的，我们开始检查所有那些横七竖八地散落在我们周围并散发出气味的潮湿的东西。

　　帕洛特老师接着说："有一些土壤并不是那么肥沃，所以有些树的根系长得并不太深。这些长在地表的粗壮的根系叫做板根。

这些东西的功能就相当于你曾经见过的支撑老房子的架子。

"当枯树叶和枯树枝掉到地上时，由于地表有一定的热度和湿度，加上细菌以及无数生活在地面的小虫子的共同作用，这些树叶和树枝就会慢慢变成混合肥料，为树的成长提供养分。"

"那这些是什么东西呢？"凯莉指着一些小的绿树叶问，那些树叶正从地面上挺出自己的身体。

帕洛特老师解释说："那是树的秧苗。大概在100年的时间里，它们会长成高达30米的木棉树或是巨大的红木。秧苗是由树种子长出来的，它们通常依靠风力、鸟儿或是地上的动物来播撒。"

"快看啊，帕洛特老师！"丹尼尔兴奋地大叫起来，"我发现了一粒种子！我发现了一粒种子！"他摇摇晃晃地向我们跑过来，手里捧着一个不知道是什么树的种子，这颗种子的个头至少相当于两个橄榄球那么大。

"是吗，丹尼尔，让我看看。"帕洛特老师说，"这是一个朗姆莓的种子。你知道吗，朗姆莓是一种非常好吃的小型热带水果，所以它们的种子也是非常小的。这个东西看起来好像是猴子吃了一些朗姆莓果后，然后夹杂着种子排出来的猴子的粪便。"

听了老师的这番话后，丹尼尔脸上的笑容马上凝固了，他赶忙扔掉手中的"种子"，开始在自己的裤子上蹭手，想把手弄干净一些。

就在这时候，凯莉尖叫一声，手指向一个什么东西。我们顺着她手指的方向看去，只见一个特别庞大的棕色动物穿过树叶和树枝的小堆向我们走过来。它的个头看起来有两只大象那么大，并且发出特别骇人的巨大的声响，就像行军蚁发出的声音那样。不，甚至比行军蚁发出的声音还要大！

夏洛特吓得大叫起来："天啊，那是个什么东西？到底是什么呀？"

"哦，天啊！"帕洛特老师也喘着粗气，显得特别焦虑。"这是一只大狼蛛！一种特别巨大的吃鸟大蜘蛛！快点，大家快点跟着我跑吧！"

帕洛特老师躲到了一堆烂树叶子后边，我们也照着她说的做了。

离这个大蜘蛛很近的地方闪烁着一点绿光，我们一看，原来是一只小蜥蜴突然从树叶堆里跳了出来。大蜘蛛用爪子踩在蜥蜴身上，几秒钟后，狼蛛用它那巨大的毒钳钳住了蜥蜴的脖子。

"你害怕吗，凯莉？"当我们全神贯注地看着蜘蛛消灭蜥蜴的时候，丹尼尔却问出这样的话来，"假如是你被蜘蛛逮住了会怎么样？"

帕洛特老师说："如果你被逮住了，现在就只剩下一张皮、一堆骨头和一些毛发了。"

凯莉很不高兴地瞪了丹尼尔一眼，丹尼尔问道："你怎么了，凯莉？你的脸色看起来有些发白呀。"

巨型狼蛛是如何吃人的?

1 大蜘蛛首先用它那些巨大的毒手刺入它的猎物，使猎物中毒后不能动弹。

2 然后把猎物运回自己的洞穴里——这时它并不急于将猎物吃掉，因为它根本没有牙齿。

3 它会向猎物的体内注射一种融化剂，这样可以把猎物的身体内部化成液体。

4 然后蜘蛛再把猎物内部的液体吸干净。

咕咚！咕咚！

"热带雨林中的一些印第安人常常会把这种蜘蛛放在篝火上烤熟了吃。"帕洛特老师说。

全班同学都发出一阵嘘声："哦，天啊！"

"现在，我想我们已经度过了危急时刻。"帕洛特老师说，"我们该变回原来的样子回到皮克尔山小学去了！"

她清点了一下四周的人数，然后问道："莱克斯米去哪里了？"

88

我们向四周看了看，到处都没有莱克斯米的影子！

西蒙说："我有好长时间没有看见她了。"

夏洛特突然哭了起来："那她会不会让蜘蛛给吃掉了呀？"

"别瞎说！"帕洛特老师说，"咱们四处叫叫她的名字，看她能不能听见。"

于是我们都大声喊着莱克斯米的名字，能喊多大声就喊多大声。过了一会儿，我们听见一声低沉的回应，声音是从一株巨大的黄绿色植物里发出来的。这株植物形状有点奇怪，就像一个锥形冰激凌。

"天啊，不会吧！"帕洛特老师大喊了一声。

祖赶紧问："怎么回事啊，老师？"

帕洛特老师大声说："那是一种食肉的瓶状植物。莱克斯米可能掉到这株植物里面去了，这种植物可是吃肉的啊，它还可以喷出一些液体来溶化落入里面的东西，如果我们不赶快把莱克斯米弄出来的话，她可能就会变成人肉汤啦！"

我们赶紧找来一根木头，把它搭在这株食人植物上，慢慢地爬上去向下看。在这棵植物的底部，我们发现了莱克斯米，她看起来特别害怕，浑身发抖。

她一见到我们就哭了起来，说："我爬到这棵植物上面本来是想躲开蜘蛛的，可是我爬上来时却不小心滑了进来。我一直努力往上爬想爬出去，可就是爬不出去！"

她又开始沿着这个植物内部的斜面往上爬，可是由于它的表面覆盖着一层向下的毛茸茸的东西，每次莱克斯米都无法越过那些东西，很快又滑回了食人植物的底部。

这时，帕洛特老师变得冷静下来，她说："这正是这种植物用来对付掉到里面的苍蝇和蜥蜴的方法。但是你别担心，莱克斯米，我们很快会想出办法把你救出来的。"

凯莉建议道："我们可以垂下一根绳子，帮她爬出来。"

丹尼尔说："什么绳子？我们哪儿来的绳子？"

凯莉说："那我们还可以找一根棍子或是其他什么东西，可以帮她爬出来。"

就在两人讨论得很热烈时，我们听到了一声雷响，并感觉到有一大团又大又湿的东西碰到了我们。原来是下雨了，雨滴打在了我们身上！可是以我们现在身体的大小，小雨滴就像云朵那样大。很快，雨越下越大，就像是有人把好几百盆洗澡水往我们身上泼一样。

这时，帕洛特老师往下看了看莱克斯米，欢呼了起来，她说："莱克斯米，等雨再下一会儿，这里面全是水的时候，你就开始游泳，游到水面上的时候，我们就能把你拽出来了！"

当轰隆隆的雷声快要把我们的耳朵震聋的时候，雨越下越大，终于把这个瓶状植物的内部灌满了。莱克斯米疯狂地挥动她的双臂，努力地往上游，终于游到了"瓶口"。

"谢天谢地，我们总算把你捞出来了。"帕洛特老师喘着气说。

虽然雨水帮了我们的大忙，但这时除了这株植物里充满了雨水以外，森林的地被层现在也全都是水。而且由于我们这时候变得特别小，所以大雨和着泥巴很快就漫到了我们的腰间。

就在我们准备游泳逃生的时候，突然发现大水好像一下子变干了，又过了一两分钟，水很快就降到了我们的脚踝！

"咦！真奇怪！"凯莉说，"刚才还那么多水，突然间那些水都跑到哪里去了呢？"

"水根本没变小，也没跑到哪里去。"丹尼尔说，"其实是我们变大了，你看！"

他的手指向我们的脚，我们发现，我们正站在一个大泥地里，也就是我们教室的地板上！

"万岁！"布瑞恩欢呼起来，"我们又回到皮克尔山小学啦！"

马肯吉和爱玛肯

"帕洛特老师，"祖开口问，"是不是很多人都生活在热带雨林里呀？"

"当然是了，小东西。"帕洛特老师回答说，"但是，现在住在热带雨林里的人已经远远不如以前多了。比如说，19世纪亚马孙流域的热带雨林里至少住着600万印第安人，但是现在却只有大约20万人，他们生活的土地都被殖民者或是大商业机构夺走了，很多人由于接触了那些从大城市来的人而受到感染，患上各种疾病死去了。"

"那么现在还有没有仍然居住在热带雨林里还没被现代人发现的人呢？"西蒙问道。

"应该还有，有一些人生活在深山老林里，还用着特别原始的工具，过着极其简单的生活。他们从来没有接触过现代文明。"帕洛特老师说，"他们没有电，没有电话，没有管道自来水，甚至没有自行车！"

　　"哇噻！"布瑞恩发出一声惊叹，"真像史前人一样，不可想象啊！"

　　"你说得很对！"帕洛特老师肯定了布瑞恩的说法，"我们目前已经知道有一群人就是这样的，他们是南美洲的雅诺玛米人。人们在大约30年前才发现他们，如果不是有人驾驶飞机飞过亚马孙热带雨林的上空，恐怕他们到现在还不会为我们所知。在发现他们不久后，就有人从大城市进入到密林地带跟他们接触，说起来真的很神奇，这些雅诺玛米人前一星期好像还生活在石器时代，可是一个星期后就进入现代文明社会了。但是他们当中的很多人都患了现代疾病，很悲惨地死去了，而这些病以前在他们生活的地区从来没有出现过。"

　　"那么他们是不是都已经过上了现代生活？"夏洛特问道。

　　"也不全是。"帕洛特老师说，"很多人坚持过自己传统的生活，他们共同居住在一种叫做'雅诺'的大房子里，不会读书，也不会写字，不像我们每天都有星期几来对应着，也没有什么月份或年份的说法。总之，一切都还处于原始状态。"

　　"那是不是所有的热带雨林居民都生活在亚马孙流域？"凯莉问道。

　　"不是。"帕洛特老师回答说，"除了亚马孙流域的热带雨林居民，还有好几百万人生活在世界各地

的热带雨林里，很多人在那里
已经世世代代生活了好几千
年。如果你们感兴趣的话，我
可以带你们去看看那些热带雨
林居民！"

　　"那我们怎么才能去那里
看他们呢？"凯莉问道。

　　"这很容易啊！"帕洛特
老师微笑着说，她指了指我们
教室天花板上的一个小活动门
板（说来也奇怪，我们虽然老
在这里上课，却从来没有注意
到上面还有个小活动门板）。
在她说话的时候，这个小活动
门板一下就打开了，从上边垂
下来一根植物藤子。

95

　　帕洛特老师顺着这根藤子往上爬，速度比猴子还
要快。就在我们全都目瞪口呆的时候，帕洛特老师在
上面喊道："你们还在那里傻等什么呢？快点跟着我
上来呀！"

　　我第一个响应老师的号召爬了上去，感觉这根藤
子很好爬，就像我们在体育课上爬绳子一样。因为我
的体育非常棒（我可不是一个自高自大的人），所以

才会感觉这么轻松，但是西蒙就不是了，他老是爬一截又滑下去（大约滑下去了100万次）。最后，我们都爬到了顶上，帕洛特老师把我们一个一个地从门板中拉了上去。原以为我们会到一个特别肮脏的小阁楼上，没想到我们重新又回到了温暖湿润的热带雨林地被层（哦，这回可是真正原装的，不像上次是把我们变小了才有这种感觉），四周都是稀奇古怪的树，还有互相缠绕在一起的绿色攀缓植物、嬉戏打闹的小猴子、到处乱走的蜥蜴以及各式各样的小虫子。当然，还有大量又潮又湿的热空气！

"哎呀，我的天啊！"丹尼尔大叫起来，"我们现在到底是在哪儿啊，帕洛特老师？"

"在非洲喽，小同学！"帕洛特老师也大声说

道，"我们现在所处的位置是中部非洲国家喀麦隆，几乎所有的非洲热带雨林都在非洲中部。"

"快看啊！"凯莉说，"那边有个小男孩！"

我们顺着她手指的方向望去，只

见一个小男孩正朝我们走过来。从他的个头来看，我判断出他的年龄跟我们差不多。他没有穿什么衣服，只有一些棕色的东西围在腰间。他手里拿着一把斧子，腰间缠着一根比较长的藤子，藤子上面挂着很多叠放在一起的树叶子，很像我们购物用的袋子。

"那可不是个小男孩。"帕洛特老师说，"他是个大人，只不过是个侏儒。侏儒是非洲热带居民的一种，他们的身高一般不超过一米，因为他们几千年来适应了非洲热带雨林的生活，个子小，重量轻，在茂密的丛林里行动起来就会快一些，爬起树来也非常迅速！"

说话间，小个子男人已经走近我们了，他笑着说："大家好。我叫马肯吉，很高兴见到你们，欢迎你们来到非洲热带雨林。我是巴卡族人，我和我的家人以及其他本族人就居住在这里。现在就请你们跟我来参观我的家。"

马肯吉领着我们来到一片开阔地带，那里大概有10个用树枝和树叶做成的小屋子，一个女人和两个真正的小孩子从其中一所屋子里走了出来。

"这是我的妻子爱玛肯。"马肯吉向我们介绍说，"这两个小家伙是我的孩子，一个叫当多拉，一个叫摩根巴。"我们微笑着向他们打招呼，他们也笑着冲我们招招手，脸上露出害羞的表情。

"我真喜欢你们的房子！"丹尼尔说，"它让我想起我曾经在我们家的花园里也盖过一个小屋子。"

"谢谢你。"马肯吉说，"我们也很喜欢，可是我们很快就要搬到其他地方去了，因为那里有更多的食物。"

"那么会不会有人接着来住你们现在的房子呢？"祖问道。

"会有的，我想。我们走后，那些蛇呀、鸟儿啊、蚂蚁呀就会在里边扎根。"爱玛肯笑着说，"然后它还会倒塌掉，一切都会回归到自然。这对我们来说没什么，因为我们的部落总是从这里搬到那里，我们早已经习惯了这种经常迁徙的生活。但是不管我们搬到哪里，我和其他一些妇女又会很快盖起一些新房子来。"

"你们是不是成天都待在森林里不出去啊？"莱克斯米问道。

"是啊。"马肯吉回答说，"我们在森林里就可以得到一切生活必需品，看见没有，即使是我们腰间所穿的这些小东西也是用树皮做的。"

"但是你们的食物都是用什么做的呢？"夏洛特问，"你们有商店可以买东西吗？"

马肯吉一脸疑惑地看着我们，过了一会儿他摇摇头说："我从来没吃过商店里卖的东西，是不是很好吃啊？"

"我们从森林那里可以得到很多东西。"爱玛肯说，"我每天都要和其他妇女们一起出门，去找一些蘑菇、菜根、坚果和一些肥胖的虫蛹，还有一些可以吃的植物和毛毛虫等，这些都是我们的美食。当我们外出找食物的时候，马肯吉和其他男人就去找灌木肉。"

"我从来没有听说过什么灌木肉，灌木里面也会长肉吗？"丹尼尔问道。

"不是这个意思啊，丹尼尔。"帕洛特老师说，"森林有时候也被称作'灌木'，找灌木肉的意思是说马肯吉和他的男同伴们出去打猎，捕获一些猎物。"

"对对对，你说得很对！"马肯吉说，"我们打猎时通常要用到网子、狗和弓箭等东西，这样才能够捕获并杀死那些猎物——如羚羊、鸟儿、野猫和猴子等。"

"猴子！"祖惊叫起来，声音里充满了不理解。

"是的，是猴子！"马肯吉说，"猴肉味道特别鲜美，大象的肉味也不错。有时候我会单独出去打猎，有时候也会跟朋友们一块出去。"

"我们也会从森林的河流中寻找食物。"爱玛肯说，"我们到河中找东西时会筑起一道工事。"

"不是工事，是水坝！"我在旁边插了一句嘴。

"对，是水坝！"爱玛肯说，"我们筑水坝。来来来，我给你们示范一下我们是怎么做的。"

我们跟着她来到一个地方，她已经在那里用石头和树枝混合泥土筑起了一道小坝。在堤坝的下游不远处，河床已经露出来了，基本上没有什么水了，很多小鱼儿和小虾儿在浅水中一蹦一跳的。

来吧……你可以帮我们抓一些鱼和虾！

101

　　我们用手帮着爱玛肯把鱼儿捧到一个篮子里。"现在我们该把水放下来了，这样其他鱼儿还有一个安身的地方。"她说，"不管我们到哪里找食物，我们都尽量不从那个地方一次弄走特别多的东西，因为我们希望这些野生动物永远都陪伴在我们身边。"

　　于是，我们帮着爱玛肯把那道水坝打掉，河水又唱着欢快的歌儿流到了下游的河床里。

　　"有时候我们也会拿我们获取的东西去做一些交易，换取另外一些我们需要的东西。"她接着说，"我们拿着灌木肉和药用植物到森林边缘的农场去，跟那里的农民交换一些像刀子、布料、锅以及香蕉之类的东西。"

　　说到这里，马肯吉叹了一口气，接着说："但是我们最喜欢的食物还是森林的蜂蜜，我用蜂蜜向导就能找到蜂蜜在哪里。"

"什么是蜂蜜向导呀？"祖问道，"是不是一种书啊？"

马肯吉的脸上再一次露出了疑惑的表情，他说："我不知道什么叫书，但是我可以告诉你，蜂蜜向导是一种鸟，你看，那里就有这样的一只鸟。"

他的手指向几米外的一棵树枝，树枝上有一只小鸟儿跳来跳去，嘴里不断发出清脆的叫声。

"真好！真好！"马肯吉兴奋地说，"它现在就是要带我们去找蜂窝啊。那咱们就跟着它去看看吧，这样你们就会知道了。"

说着，他一溜小跑飞快地跑进了森林中。

我们都紧跟着马肯吉和那个蜂蜜向导，他们的速度都很快，但是那只小鸟总会不时地出现在枝头召唤我们，直到我们跟上它，它才起身向前飞去。

就这样，我们在森林小路上跑了几分钟后，小鸟儿最终停在了一棵非常高大的树上。在树干和树枝的交叉处，高高地挂着一个蜂窝。接着马肯吉又做了一件让人非常吃惊的事，如果我们不是亲眼看见，是绝对不会相信会发生这种事的！

现在我就要爬上树去取那个蜂窝！

马肯吉用他的斧子在树干上砍了几道口子。

看！多简单啊！

他用藤把自己的腰部绑在树干上，然后把脚放进砍开的口子里，双腿蹬着往上爬。

嗡嗡嗡！

当马肯吉到达蜂窝的位置时，他开始用烟把蜜蜂熏出来。

现在可以享用美味了！

当马肯吉回到地面后，那些挂在腰间的重重叠叠的叶子上已经装满了蜂蜜。

马肯吉回到了地面。丹尼尔笑着说："真有意思，为了弄一点蜂蜜竟然弄出这么好玩的事来。"

马肯吉打开一个树叶包，取了一些蜂蜜给凯莉，她用手指头蘸了一些蜂蜜，放进嘴里吮吸起来。

嘿！味道真棒啊！

"的确是不错的！"马肯吉说。接着，他又递给我们一整片沾满蜂蜜的树叶。

正当我们津津有味地舔着手指头的时候，莱克斯米说："咦，那只可爱的蜂蜜向导哪里去了？"

"它带领马肯吉找到蜂窝有功，现在去领报酬去了。"帕洛特老师说，"看，它正在吃一些剩下的蜂蛹和蜂窝。"

当我们全神贯注地观看小鸟在蜂窝里跳进跳出时，爱玛肯点起了一小堆火。

　　"下面这个部分才是最令我们喜欢的呢！"她高兴地宣布，手里拿着一个很大的蜂窝在火上烤起来。我们发现，这个蜂窝里不仅有很多蜂蜜，还有一些蛹、幼虫，甚至还有一些蜜蜂在里面。当温度逐渐升高的时候，蜂蜜开始变得柔软起来，蛹也很不安地蠕动着。过了一会儿，蜂窝被火烤得黏湿多汁，马肯吉和他的家人就把里面的东西一个一个从蜂窝里挖出来，将那些蛹和蜜蜂……放进了嘴里！

　　"真是太棒了！"马肯吉满嘴都是蜂蜜，津津有味地边吃边赞叹，"把蠕动的蛹吞下去是件非常容易的事情！"

　　"噢，天啊！"祖发出了一声惊呼，不过声音压得很低，所以别人几乎都没听见。

　　爱玛肯说："现在让我们用音乐来庆祝我们找到蜂蜜吧！"说着，她领着当多拉和摩根巴冲向河里。

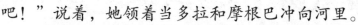

　　当水没过他们腰部的时候，爱玛肯和孩子们突然举起双手，把手掌握成酒杯的形状，开始在水面上"扑扑"地拍打起来，每个人都按自己的节奏敲打着，不同的韵律混合在一起，竟然形成了一种很好听而且令人兴奋的声音。

"你们为什么不试着跳一跳拍水舞呢？"马肯吉说。

"对呀，为什么不试试呢？"帕洛特老师大声喊着，也跳入河中，开始击打水面。过了一会儿，我们都加入到拍水舞的行列中去了。我们不像巴卡族人那样拍得好，只有丹尼尔（他们家有一套鼓，他自己在家练习过）拍得又快又好看，水珠在他手中到处飞溅。

就在大家玩得非常高兴的时候，布瑞恩突然向树梢望去，问道："嗯，帕洛特老师，那些蜜蜂是不是非常讨厌人们去捅它们的蜂窝啊？"

帕洛特老师说："它们当然很不喜欢了，所以当它们从烟雾中清醒过来后，就会拼命地追赶破坏蜂窝的人，有时候甚至会追到人的营地去。咦，你为什么问这个？"

"因为有一大群蜜蜂正向我们这边飞来！"布瑞恩说。

他说得没错，确实有一大群特别生气的蜜蜂像乌云一样黑压压地向我们这边快速飞来。

"我想我们该赶快躲避一下。"帕洛特老师说。

听见老师的话后，我们每个人都飞快地从河里跑出来，挤在树丛的间隙中。然后，我们发现自己已经回到教室里了。

噢，真险啊！我们终于脱险了！这时候，我们不得不承认，当遇到危险时，帕洛特老师还是最聪明的人，她总能让我们不受伤害！

环保战士艾瑞克

接下来，我们开始用绘画和文字记录在喀麦隆热带雨林里见到的奇闻逸事。凯莉试着用铅笔画出马肯吉爬树的画面，可是画了两三张之后，她还是觉得不满意，就把几张画纸揉成一团，扔进了废纸篓里。正在这时，一名留着红色刺头的瘦男子突然从教室存放纸张的柜子里砰地跳了出来。他穿着亮绿色的工作服，全身从头到脚都别满了徽章和各种标记。

"不要这么做！"他大声对凯莉叫着，"你为什么不用橡皮把它擦干净，再接着画呢？你也可以用背面画呀！难道你不知道造纸资源是多么宝贵吗？"

丹尼尔窃笑着嘀咕："反正纸又不是从树上长出来的。"

"哦，它当然是从树上长出来的！正是我和我的伙伴们不懈的努力，才使那些造纸厂改为使用速生林来造纸，这才最终保住了世界上仅剩的这几片热带雨林。"刺头男子激动地说，"但这也不意味着热带雨林就可以高枕无忧了，不是的！"

接着，他转向帕洛特老师说："对不起，我迟到了，帕洛特老师。我刚和一个家伙吵了一架，他居然从车窗里往外扔炸薯片的包装袋。真是个白痴！"

"你来得正是时候。"帕洛特老师微笑着说，她转向我们介绍道，"孩子们，很荣幸向你们介绍这位艾瑞克·伍德宾先生，他是位环境保护主义者。"

"事实上，我是一名环保战士。"艾瑞克咧开嘴笑笑说，"我来这里是要告诉你们，世界上的热带雨林正在怎样被人为破坏着。现在，请你们大声从1数到60。"

我们照他说的话做了，然后，艾瑞克说："在你

们数数的同时，在世界上的某个地方，已经有40万平方米的热带雨林被摧毁了。这个面积相当于60个足球场那么大。也就是说，在24小时里，有86 400个足球场那么大面积的热带雨林被毁掉了！"

他上哪儿找那么多足球场呢？

他不是想说真的足球场，他的意思是让我们知道每天被毁的热带雨林是多么大的一片。

"正确。"艾瑞克说，"而且，明天一切还将同样再发生一次，后天仍是这样。专家们计算过，由于热带雨林的被毁，世界上每天会灭绝137种植物、动物和昆虫，那么一年就会灭绝50 000个物种。而且，地球失去的还不仅仅是动植物的数量。"

　　"我们失去了树木，就失去了能净化空气的伙伴。"莱克斯米说，"树木可以为世界提供氧气！"

　　"说得好！"艾瑞克说，"我们还失去了从热带雨林中找到的神奇的药物。在我们使用的药物里，有20%的药中含有热带雨林植物的提取物。举例来说吧，从马达加斯加雨林的长春花中，我们可以提取到防癌的药物成分。"

　　"我们至今还没有从热带雨林里获取大量的药物，到目前为止，只有不到1%的热带植物被科学家发现含有药用成分，但目前还没有报告说其中含有救生成分。问题在于，那些含有救命成分的树种有可能在科学家还没来得及发现它们之前，就已经随着乱砍滥伐的进程被毁灭了。"

　　"为什么政府不赶紧制止热带雨林被毁呢？"莱克斯米问道。

　　"没那么简单。"艾瑞克说，"有时候就是政府在亲自乱砍滥伐。因为砍树是一种产业，许多人因此而获利。还有时候是因为生活在雨林周边的人穷得活不下去了，也去砍树。他们为了钱、食物而拼命砍树，却没考虑自己的行为正在对环境造成怎样可怕的破坏。举个例子说吧，巴西某地贫民窟的穷人老是偷偷进入当地热带雨林国家公园里猎杀野生动物，因为除了这些动物，他们就没有别的食物可吃了。但是，

111

我们还是应该多管管自己的行为……"

两分钟后，我们来到了学校的生态花园和池塘旁。

"这就是一片热带雨林！"艾瑞克说着从衣兜里掏出一只不知装了什么液体的小瓶子，往我们的小花园里倒了几滴，然后来回挥了挥手。忽然，几秒钟前还长着野生花草的地方变出了热带雨林的大树、吱吱尖叫的猴子，还有嘎嘎乱叫的大鹦鹉……整个场面壮观极了！

这片热带雨林和其中的小动物并非是静止不动的，当我们站在那里惊奇不已地观察它们时，所有的东西都迅速地围绕着我们生长起来。很快，我们就被巨大的树木、小树苗、蔓草和吵吵闹闹的动物包围了。

紧接着，我们发现有个巨大的、橘红色的、长毛的东西正待在艾瑞克头顶的树枝上，大家全都屏住了呼吸。

丹尼尔大叫道："那是什么？"

艾瑞克平静地说："那是一只雌性红猩猩。"

"嗬，你看它在动呢。"莱克斯米叫了起来。那家伙真的从一根树枝荡到了另一根树枝上。"这真是太……太……"

"像个体操健将！"布瑞恩喊道。

艾瑞克说："没错，它们经常用自己长而有力的胳膊以及像钩子一样的手和脚从一根树枝荡到另一根树枝上。"

凯莉说："看哪，还有个小宝宝呢。它好像很想跟妈妈到那棵树上去，可是却过不去。"

"是的，现在看看会发生什么吧！"夏洛特说。

看见了吧，它妈妈为它搭了个活的桥。

"真聪明，是不是？"艾瑞克话音刚落，红猩猩就消失在树冠层里了。艾瑞克显得有点难过地说："整个东南亚本来遍布着这种红猩猩，但是，伐木公司的砍伐破坏了它们的生存空间，现在它们唯一的栖息地就只剩下苏门答腊岛和婆罗洲了。现在，孩子们，跟我来！"

我们跟在他身后，沿着林中小路走了几百米后，布瑞恩问："你们听到什么噪声了吗？"

莱克斯米说："是的，我听到了。好像是机器的轰鸣声。"

这时，我也听到了这种声音，这是一种什么东西在怒吼和咆哮的声音，我们越往前走，声音就越大。

"这就是圆木装载机的声音！"艾瑞克告诉我们。

我们都缩在艾瑞克的后面，蹑手蹑脚地继续走。现在，我们已经能闻到燃油的气味，听到机器的轰鸣声了。这时，透过树间的缝隙，我们看到了这种机器，一个肮脏的大家伙正在树林里不停地工作着。它被一堆堆巨大的圆木头包围着，好像那里到处都是机器和人。两个庞大的推土机被一条有弹性的链子连接在一起，它们来回开动，把途经的小树全都撞倒在地。离我们更近一些的是两个工人，正手拿大锯伐树，大锯齿深深地切入一棵大树的树干里。

祖叹道："这简直是世界末日呀！"

艾瑞克说："你们看，那棵树至少花了100年时间才长到这么大，而那两个人在几分钟之内就把它摧毁了。这就是我要阻止发生的事情。"

锯子终于锯断了大树树干的最后一部分，圆木装载机开到适当的位置后，大树就倒下来了。突然，我们听到了尖叫声和哀鸣声，只见从倒下的树冠里蹿出了许多小动物，它们惊慌失措地逃进了密林深处。

"那些是被电锯工作的声音吓坏了的动物们。"艾瑞克说，"它们恐怕再也找不到新家了，这片林子很可能要被完全砍伐干净。"

"这家伐木公司已经从婆罗洲当地土著人手里买下了上千公顷的热带雨林。"艾瑞克有些愤怒地说，"知道吗？热带雨林在自己的家园里生长了几个世纪之久，而伐木公司购买它所付的钱却是极少的，少到只够给每位土著人买两罐可口可乐喝。就这样，伐木公司已经摧毁了1/3的婆罗洲热带雨林，把生活在那里的土著人也赶出了家园。"

我们静静地待在那里，听得目瞪口呆。接下来，艾瑞克的口气变得很无奈："走吧，我还有别的东西要带你们去看呢。"

我们全都跟着艾瑞克，走了几分钟之后，他打手势让我们停下脚步。

他说："热带雨林里充满了人们喜爱的各种东西，比如用来制造家具和房屋的木材。但问题是，伐木公司往往力图砍光所有的树为自己所用。这意味着，一旦他们真这么做了，热带雨林就将永远消失！其实他们完全不必那么做！"

说着，他指向生长在路边的一些光滑笔直的树问："谁知道这些是什么？"

"可是我记得竹子都是很瘦很长的呀。"凯莉说，"我爷爷种豆子时就用竹竿搭过架子，那些竹子可细了。"

"我从来没想过竹子树能长这么粗壮。"布瑞恩说。

艾瑞克说："竹子并不是树，它是一种草。"

丹尼尔开玩笑地说："哇，我可不爱割这样的草。"

艾瑞克也笑了："可人们却总是割许多许多的竹子，数以百万计的人靠割竹子维持生计呢。不管你信不信，世界上有10亿人生活在用竹子建造的房子里。"

"那不就意味着所有的竹子也跟树一样快被砍光了吗？"莱克斯米急忙问。

"不！"艾瑞克说，"竹子有一个无法比拟的好处，就是生长起来难以置信地快。有些品种的竹子一天就能长高1米多！一棵20米高的树如果被伐木工砍倒了，再长到这么高要60年时间，而一根20米高的竹子则只要60天就能再长成这么高。"

"这就是人们把竹子称作可再生资源的原因。"帕洛特老师说，"正确地种植和运用竹子可以让人类几百年连续获益。同样的，我们没有理由不去精心保护那些热带雨林，人类不能再这么贪婪下去了！"

艾瑞克赞道："说得太好了！有人管竹子叫东方黄金。它们有许多不同的用途，以至于有科学家相信将来一定会出现个'竹器时代'，就和原来人类历史上出现过的石器时代和铁器时代一样。世界上至少有几千种竹子，它们有超过1500种的用途。在这里，我将向你们介绍其中的几种。"

艾瑞克领着我们穿过竹林的一个缝隙，我们一下子就置身于一片巨大的空地上了。

"太棒了！"祖叫道，"一切都是用竹子做的。"

"我真不知道竹子有这么多用途，真是太神奇了！"丹尼尔说。

帕洛特老师说："让我们进到竹屋的里面去看看吧。"

我们全都跟着她走进了竹屋。当我们进到竹屋里后，突然发现眼前的一切好像特别熟悉。

凯莉先叫了起来："嗨，这间屋子不就是咱们班的教……"

　　莱克斯米打断她说："啊，帕洛特老师，这是咱们的教室，对不对？咱们是不是回到了……"

　　"皮克尔山小学！"帕洛特老师兴奋地大叫着，"是的，我们回来了！这也就是我们热带雨林课程的尾声了。我真希望你们能喜欢这个课程。"

　　"这一课真棒！"丹尼尔说。

　　"绝对超一流！"我们全都同意丹尼尔的说法。

　　"谢谢！太谢谢了！"帕洛特老师说，"现在，让我们看看雨停了没有。"

　　她走到窗前，打开窗帘说："哦，太好了，雨停了。"突然，她又惊又怕地大叫起来："噢，天哪！我的天哪！"

　　"是斯拉舍！"帕洛特老师说，"嗯，我说的是园丁辛普森先生。他正在我们的花园里修剪花草呢。"

　　斯拉舍先生正用他的大剪刀修剪我们上个月刚刚栽种的那棵美丽的蝴蝶兰。但是，当他下剪子时，有个巨大的、棕绿色、长鳞的东西从他身后向他滑了过来。

　　帕洛特老师的眼睛闪着亮光，她大叫："哦，天哪！似乎是艾瑞克在热带雨林的某位朋友来了……"她说着低声笑起来。

　　"确切地说是一条无毒蟒蛇！"帕洛特老师说，"它也许是世界上最大的蛇，几乎有10米长。它们通

常是先缠住敌人再勒死敌人，然后将敌人整个吞下去……先吞脑袋！"

这时候，斯拉舍看见了蟒蛇，他的脸色一下就变了，只用了一微秒的时间，他就扔下大剪刀，狂奔着穿过了操场。

帕洛特老师笑着说："看起来，他不是一个热带雨林野生动物的爱好者……"

"起码不像我们5M班的同学那样热爱热带雨林的一切！"莱克斯米抢着说。

这恐怕是斯拉舍先生终生难忘的一课，当然了，对我们来说又何尝不是呢？